③ 软装设计手册

奢华与古典

COMPLEX

度本图书 DopressBooks 编著

U0199296

中国林业出版社

图书在版编目（CIP）数据

软装设计手册.3，奢华与古典／度本图书编著. -- 北京：中国林业出版社，2014.1（设计格调解析）

ISBN 978-7-5038-7196-2

Ⅰ.①软… Ⅱ.①度… Ⅲ.①室内装饰设计－图集 Ⅳ.①TU238-64

中国版本图书馆CIP数据核字(2013)第215958号

编委会成员：

于 飞 李 丽 孟 娇 王 娇 李 博 李媛媛

么 乐 王文宇 王美荣 赵 倩 于晓华 张 赫

中国林业出版社·建筑与家居出版中心

责任编辑：成海沛 纪 亮

文字编辑：李丝丝

在线对话：1140437118（QQ）

出版：中国林业出版社

（100009 北京西城区德内大街刘海胡同 7 号）

网址：http://lycb.forestry.gov.cn/

E-mail: cfphz@public.bta.net.cn

电话：（010）8322 5283

发行：中国林业出版社

印刷：北京利丰雅高长城印刷有限公司

版次：2014年1月第1版

印次：2014年1月第1次

开本：1/16

印张：10

字数：150千字

定价：69.00元 （全4册：276.00元）

法律顾问：北京华泰律师事务所 王海东律师 邮箱：prewang@163.com

Contents

解读"繁华"

　　软装设计也常被称做室内陈设设计，主要指对室内物品的陈列、布置与装饰。而从广义上讲，在室内空间中，除了围护空间的建筑界面以及建筑构件外，一切实用和非实用的装饰物品及用品都可以被称做室内陈设品。软装设计可大致分为实用和装饰两大类：以实用功能为主的家具、家电、器皿、灯具、布艺和主要以装饰功能为主的挂画、艺术品、插花及其他饰件。

　　总体而言，软装设计应遵循美观与实用兼备、装饰与使用功能相符、满足心理与精神需求等前提原则，同时营造某种预期的氛围与意境，而构建这种氛围与意境的关键就在于把握包括色彩、材质、肌理、体量、形态等所有参与室内空间构成的元素之间的关系。与此同时，所有这些布置在室内的软装元素应当与室内整体空间的"气质"融合协调、相得益彰。

　　这种气质并不等同于通常所说的风格，因为我们定义的风格实在很难概括现今时代各种软装配饰的丰富形态，只能说是更贴近哪种风格。我们甚至可以说，风格本身并不重要，那只是一种笼统的界定方法，设计师要发现的是风格背后的美的本质与文化内涵，而不是一味地纠结于风格。对于这种室内设计的气质，或许我们应该把它解释为格调或者味道。只是为了便于区分空间环境的大致气质，人们习惯采用风格这一称谓加以概括。但也无妨，我们可以根据通常所说的几种典型风格来感受软装设计与室内环境的关系，以及涵盖在风格中的不同气质。

　　该系列丛书以软装设计/陈设方式带给人的不同感受作为章节划分的依据，比如简约、生态、怀旧、艺术、工业、时尚、奢华、古典等。书中除了结合选自世界各地的优秀作品案例，对每个作品的设计理念和设计亮点给出的详细说明和分析，还有根据案例展开的关于设计风格、软装配饰的要点等大量知识点，为设计师在整体风格的把握上提供有价值的借鉴和参考，从而使本书兼具实用性和欣赏性。

　　本书收录了欧式古典、田园和休闲度假风格的设计作品。欧式古典元素的精彩演绎是这本书的最大看点，无数似曾相识的视觉元素却依然令人眼前一亮。在田园乡村的类别里，介绍了一些原汁原味的地中海、托斯卡纳、普罗旺斯、意式等欧式乡村风格的设计，唤醒了人们内心深处回归自然，享受无忧无虑的乡村情节。需要指出的是，其中大部分设计作品都是居住者提供了大量的设计灵感来源，这样也使得设计本身更贴近实用，缤纷的色彩和不拘一格的生活气息一定会让你心有感悟。

　　高贵华丽的章节中，你可以看到好莱坞明星的豪宅设计、位于时尚之都巴黎的奢侈品店设计、五星级酒店的设计等，当然也不难体会到设计者如何将品味和极致的享乐在软装设计中凸显。

　　在度假休闲的类别中，跟随这些充满异域风情的作品，抛开都市生活的纷扰，去美丽的西西里岛、普罗旺斯、爱琴海，或幽静的乡村，去欣赏那些度假类型的居所，体会不一样的人文风情，或是在绝美的海景房中体味海天一色的独特情怀。

选入本书中的作品所采用的设计语言可以大致概括为：古典美学、雍容华贵、端庄优雅。欧式古典风格常被称为"革命的古典主义"。这种兼有华贵优雅与现代时尚气韵的风格至今仍得到很多人的喜爱和追捧。 新古典主义风格是对古罗马和古希腊建筑精神的浓缩与抽象，是在推崇这种古典美学理念的同时，摒弃了过于复杂的肌理和装饰，简化了线条，以符合现代人的审美和生活需求。

白色、金色、黄色、暗红是新古典风格中常见的主色调，而浅色的融合更使设计具有鲜明的时代气息，使整体空间看起来明亮、大方，给人以开放、宽容而大气之感。本书中的作品，无论是家具还是配饰均以其优雅、唯美的姿态，平和而富有内涵的气韵，描绘出一种高雅和谐、奢华而低调的室内氛围。常见的罗马柱、拱门和欧式花纹壁纸、地毯、瓷砖都是营造这种氛围的基础元素，而壁炉、水晶宫灯、古典油画和雕塑等艺术品则是其中的点睛之笔。

我们在本书中把这种装饰繁复、富丽堂皇、华丽典雅，充满古典形式美的艺术语言概括为"繁华"。 下文将进一步介绍这一语言在软装设计中不可或缺的家具、灯具，以及窗帘、靠垫、桌布、地毯等布艺装饰和挂画、艺术陈设等装饰品中如何进行表达。

·家具

西式古典风格的家具可以细分为意大利风格家具、法国风格家具、西班牙风格家具、德国风格家具，以及美式风格家具。相对样式简洁的现代风格家具而言，西式古典家具有着用料上乘、注重雕工、线条造型繁复、细节精雕细刻等特点。这种过多的装饰和华美浑厚的效果，加之有时用金色调和的华丽色彩，可以给室内空间渲染出庄重华美的氛围。以下品牌的古典家具系列堪称是这种"繁华"格调的代表：

◎Ezio Bellotti（意大利）：浸染着古典奢华的王者风范。有着百余年手工工艺的传承。顶级的设计、精湛的工艺，是埃奇奥·拜洛迪产品的基础要素。作为尊贵身份的象征，埃奇奥·拜洛迪的客户名单中，一长串国家元首的名字赫然可见。

◎Boiserie（意大利）：保赛利罗独创的定制服务，奢华复古的风格，让保赛利罗的家具弥漫着浓郁的优雅气息。那充满艺术气质的家具，于独特中流露着高雅，使你能轻易发现保赛利罗的魅力，身临其境地体会何为奢华，何为优雅。

◎Provasi（意大利）：每件家具都如一件美妙绝伦的艺术品，透彻出一份非比寻常的高雅气息，引领出古典与时尚间的别致华丽。Provasi家具重视选料的品质，并具有独特的制作工艺及功能实用与典雅高贵的特点，在现代生活中仍然可以完美地演绎古典风格，并通过独有而高超的手工技艺而闻名于世。

·灯饰

打造优雅古典格调常用的吊灯有欧式烛台吊灯（这种款式的吊灯的灵感来自古时人们的烛台照明方式，那时人们都是在悬挂的铁艺上放置数根蜡烛。如今很多吊灯的设计沿袭了这种形式，灯泡和灯座还是蜡烛和烛台的样子）、碗形吊灯（这种灯有3至4条挂链或者直杆从顶棚垂吊下来，通过重力钩与碗形灯罩连接在一起）和枝形吊灯（许多从天花垂吊下来的灯具的统称，一般带有多个臂杆和灯头，与碗形吊灯形式相近）。壁灯常用双头玉

兰壁灯、双头橄榄壁灯、双头鼓形壁灯、双头花边杯壁灯、玉柱壁灯和镜前壁灯等。在灯饰款式的选择上可以参考以下两种代表性灯饰品牌：

◎Bellart（意大利）：博拉特的设计灵感源自于意大利的艺术文化，沿用新古典的风格，采用奢华的元素并大胆创新。精湛的手工工艺是博拉特灯具的一大特色。所有的玻璃，都先经由技师手工打磨，使玻璃更加璀璨夺目，然后再进行细致入微的组装。由于每盏灯在制作工序上都由不同的工匠纯手工加工，所以每一盏灯都是独特且唯一的。

◎MASIERO（意大利）：意大利著名灯具品牌马赛罗，生产水晶灯具已有三十多年的历史。无论是水晶，还是出自穆拉诺岛玻璃工匠之手的吹制玻璃，马赛罗一直都在采用高质量的材料加工生产灯具。如今，施华洛世奇水晶又为马赛罗注入了新的内涵，华贵唯美，优雅璀璨，马赛罗想告诉我们：生活，就应该如同水晶般精致。

古典风格的家居布光，主要分照明光源、特殊光源（特别照亮某个空间或者某个物体的光）和烘托气氛的光源。基于古典风格的美学特征，室内照明光线不宜过亮，达到"柔和"的效果才恰到好处。

· 布艺装饰

　　古典纹样的面料和经典款式的布艺家纺品正契合本书中介绍的"繁华"格调。首先，面料的纹样主要以欧洲的蔓藤纹、卷草纹和佩兹利纹最为多用，并且多采用提花工艺，面料考究、色彩富贵，其中的高雅品质不言而喻。其次，与花型纹样相辅相成的是成品款式的选择。搭配时可选用系列化、整体化的多件套款式，比如结合靠垫、抱枕、帷幔等，使整体空间更加丰富、华贵。在布艺家纺品牌的选择上，可参考如下品牌的产品：

　　◎Frette（意大利）：作为全世界历史最悠久的豪华纺织品制造商之一，芙蕾特不仅是意大利皇室和全球众多皇家贵族的官方指定供应商，也是世界知名的多家五星级酒店的供应商。芙蕾特家纺产品精挑细选最上乘的棉花、亚麻和真丝作为材料，并以顶尖的质量和工艺闻名于世。

　　◎Pratesi（意大利）：Pratesi创立于1906年意大利的托斯卡纳，起初只销售给当地的名门望族。其简洁的"三条线"刺绣设计曾给整个行业带来巨大变革。"没有使用过Pratesi的人，即便你拥有SalVatore Ferragamo的皮具、驾驶Lamborgh的跑车，同样不算完美地体验过精致生活。"在欧洲名流雅士之间流传的这一说法是对Pratesi最好的评价。

·挂画与墙饰

　　装有镏金画框的古典油画、极具历史文化气息的欧式壁炉和壁灯、精美的墙纸和墙壁镶板，以及嵌入式壁橱都是打造古典格调不可或缺的墙面装饰元素。这些元素的细腻花纹和层次分明的线条可与棚线和家具陈设的线条特征完美呼应，使整个室内空间浑然一体。

·**装饰摆件、花卉与绿植**

除了罕见稀有的古董艺术品，一些精美、特色的工艺品同样适用于打造这种富贵华丽的"繁华"格调。比如皇家骨瓷这种品质绝佳、工艺特殊的"奢瓷"，从某种程度上来说，早就脱离了日用品的范畴。有的最高段的产品专门供给皇室专用，有的限量版产品还被收藏于博物馆中。在收藏家眼中，它们的升值潜力并不亚于古董和名画。

◎Wedgwood（英国）：拥有250多年悠久历史的英国顶级瓷器品牌Wedgwood（玮致活）以高贵的品质、细致的工艺和高度的艺术性风行全世界。

◎Lladro（西班牙）：带有浪漫典雅色彩的雅致瓷偶反映出由古典自然主义到现代自然主义的延展，和新浪漫主义的怀旧与流行风格的互相融合。

有些工艺品所采用的材质本身即十分名贵，比如小叶紫檀、黄花梨等名贵红木制成的木雕摆件，玉器、水晶、象牙、犀牛角等稀有天然材质制成的雕刻摆件等。还有一些享誉世界的地方特色工艺品，像威尼斯玻璃水晶制品和埃及纸草画等装饰摆件也可以用于点缀空间，为室内平添一份异域色彩和文化氛围。

■ 要讲中国人是田园乡村家居风格的鼻祖，恐怕没人有异议，自古以来中国文人的居所观素来有淡薄渺远、恬静自然的传统，不过本章所谈之田园乡村风格，则是指西方的田园风格，在西方关于人类起源的神话里，花园才是人类最初的居所（伊甸园），田园风格之所以吸引人，是由于人本身就是大自然的一部分。而大自然的迷人之处，如柯布西耶讲到的："因为美丽的大自然是有感情的！"

所有小清新设计师都在思考如何把小情趣融入田园乡村的设计风格中去，这绝不是略显女性情怀的倾向，而或许是此类风格太过于强调营造温馨氛围。事实上，田园风格究其定位是适合别墅设计和第二或第三居所的设计的，因其材质的就地取材和略显随意，强调质感、花纹，而确实不太注重整体的庄重感。颜色上时而返璞归真运用绿色和土黄色，时而运用明媚的黄色和红色，力求在表达一种享受生活的态度。在配饰上看似过时的摇椅、小碎花布、野花盆栽、水果、磁盘、铁艺制品等自然摆放，强调的是一种深藏于细节处的生活情趣。

乡村田园风格的受宠，不在于它是英式的、美式的还是法式的，而在于它最贴切地表达了人们逃离都市、返璞归真的生活追求，"享受生活"只停留在口头上的现代人或许忘了：童年在乡下与伙伴们相约嬉戏，午后和风拂面，草长莺飞的情景是多么的悠闲，清适而简单。

■ Casa Parelea

■ 帕若里之家

■ 马丁郡. 美国

■ **室内设计**:
JMA interior decoration, inc.
■ **摄影**:
Ron Rosenzweig
■ **客户**:
Mr. Bill Spurling

本案设计集地中海风格、托斯卡纳、意式乡村风格的装饰元素为一体。设计中采用大地一般朴实的中性色调，糅合少量的橄榄绿、赭石、深褐色以及锈红色和黄色，使整体空间充满浓郁的意式乡村风情。

内部居住面积929m²主要分两层楼，在第三层阁楼可以观赏大西洋风景。威尼斯灰泥，大理石地板和定制的手绘壁画的使用贯穿整个设计。

地中海风格和托斯卡纳、意式乡村风格的关系：

地中海风格建筑原本是指沿欧洲地中海北岸沿线的建筑风格，后来殖民者把这种风格带到美洲，并使其在温度气候相近的加州发扬光大，同时融入南欧其他地区的特点，逐渐成为美国时尚大宅的主流风格。

位于意大利中部的托斯卡纳地区，古老而又美丽，以其历史、艺术和自然风光闻名于世。那里的建筑、园林、设计也都有着别样的风情。崇尚自然、质朴的托斯卡纳风格是意式乡野风情的代词。温暖的色调和质朴的设计是这种风格的主要特色所在。

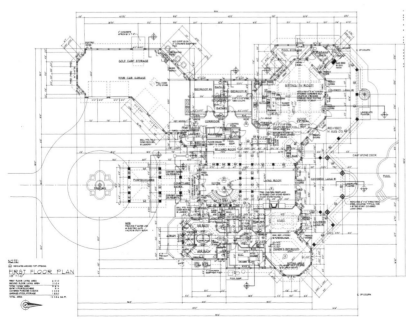

室内每个细节都经过精心的设计，用材也十分考究。主浴室使用意大利定制的瓷砖和大理石。浴室和夏季用厨房里也采用了进口大理石和花岗石。

室内家具、灯具、布艺等软装配饰、陈设品的材质、颜色也都经过精心搭配，挂画和绿色植物的装饰更使空间充满生机盎然的味道。

意式乡村风格的装饰特征：

通过采用石材、实木和灰泥等天然材质来表现空间的肌理。理石地面、粗犷的立柱和天花木梁，以及线条简洁的硬木家具和地板都是营造质朴温暖感觉的基础元素，而丰富的花卉、条纹图案和带有流苏和花边的装饰挂毯、陶瓷以及铁艺饰件等陈设品则是烘托托斯卡纳风格的典型元素。此外，露台或门窗下摆放赤陶种植盆器也是必不可少的装饰。

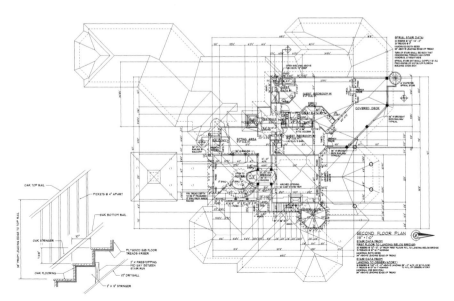

布艺装饰的应用在乡村风格的设计中十分常见。其中，原色的棉麻织物，或者带有各种纯朴、典雅的花卉、植物图案的布艺沙发、窗饰、墙饰都可以很好地营造出乡村田园风格特有的舒适和惬意感。

■ Tuscan Villa

■ 托斯卡纳别墅

■ 斯图亚特. 美国

■ 室内设计:
Jackie Armour. JMA Interior Decoration, inc.

■ 摄影:
Ron Rosenzweig

■ 客户:
Mr. and Mrs. Simpson

软装点评：家具、灯饰，各有各的优雅，开放式的厨房、能看到风景的餐厅、舒适华丽的大卧室——体现了忠于原味的托斯卡纳精神。各种装饰品和画饰，勾勒出每个空间的细腻与个性；并最终统一到托斯卡纳的风格特质上——朴实而传统，悠然而自得。

旧世界魅力与优雅恰如其分的描述了这栋古典托斯卡纳风格豪宅。房子的设计灵感源自主人的意大利之旅，他们对托斯卡纳地区的建筑一见钟情。一回到美国，就决定建造自己梦中的家。

房子的居住面积大概650m²两层楼。墙面上定制颜色的威尼斯石膏，纯手工涂抹。整个房子包括露天部分全部是赤褐色地面和定制手工意大利瓷砖。

托斯卡纳地区的首府是佛罗伦萨。托斯卡纳被认为是文艺复兴开始的地方，涌现出了以乔托、米开朗基罗、达·芬奇、但丁和拉斐尔为代表的一批杰出艺术家。托斯卡纳风格的建筑，又名意式园林，源于托斯卡纳地区，是世界四大园林风格之一。较多地使用铁艺桌椅、赤陶花器、石雕花器和兽头水口等装饰物，营造出自然又舒适的居住空间，户外空间的家具搭配亦是如此。

每个细节都精心计划和进行。主浴室里的定制瓷砖和大理石全部为意大利制造。所有浴室和夏季用厨房里全部为进口大理石和花岗岩。有着大气壁炉和餐室的主房间，是家庭聚会的地点。壁炉和书架是弗罗里达石灰石制成。为了与壁炉比例协调，设计师设计了一个漂亮的定制自助餐区作为进餐区。从房子能看到壮观的高尔夫球场的景色。

托斯卡纳风格的别墅在入口常有一个戏剧性的塔或是圆形大厅，高于其他屋脊线。岩石与灰泥戏剧性的表现光与影的关系也是托斯卡纳风格的精髓之一。铁艺，百叶窗和阳台，尤其是爬满藤蔓的墙同样表达了托斯卡纳风格。

碎花布艺和格子布艺搭配造型华美
的木床，以及雅致的床头柜上体量
厚重的台灯，这套纯粹的组合轻而
易举地就成为整间卧室最吸引视线
的主角。

■ Country French Estate

■ 法式乡村住宅

■ 棕榈滩. 美国

■ **室内设计:**
JMA interior decoration, inc.

■ **摄影:**
Ron Rosenzweig

■ **客户:**
Mr. and Mrs. Steve Haggerty

这栋可爱的住宅是以法国普罗旺斯乡间美景为灵感设计的。房屋建在美丽的加利福尼亚州，可以俯瞰壮丽的高尔夫球场和有各种鸟类、鱼类和短吻鳄的自然保护区。加州的气候和阳光使这个住所十分明亮、轻松、通风。设计重点是凸显法式建筑细节，而又不掩盖每个房间的特点。

普罗旺斯是法国南部一个享誉全球的度假圣地，毗邻地中海和意大利，普罗旺斯是法式田园风格的代名词，法式田园最明显的特征是家具的做旧处理及配色上的大胆鲜艳。做旧处理使家具流露出古典家具的隽永质感，黄色、红色、蓝色的色彩搭配，则反映丰沃、富足的大地景象。而椅脚被简化的卷曲弧线及精美的纹饰也是优雅生活的体现。

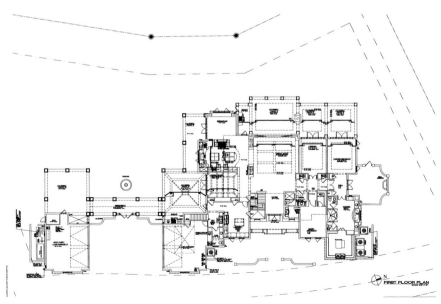

这个室内设计的美感在于把永恒与舒适根植在法式风格中。手工漆成的瓷砖和石灰地面全部为法国进口。法国产的奢华织品和装饰物也贯穿在住宅内外。

房子外有两个可爱的石灰石户外喷泉，很容易令人联想起乡间美景。细心的规划和考虑对设计至关重要。设计师们紧密合作确保房子在细节上面面俱到。厨房和主浴室里的细木家具为定制手工喷涂。棉质织物和装饰贯穿在主要家具上。

法式田园风格代表了一种简单无忧、轻松慵懒的生活方式。如同法国人追求自由，热爱度假的民族性格，法式田园风格中无论是建筑大体还是软装细节都追求完美，处处体现着生活的情趣。

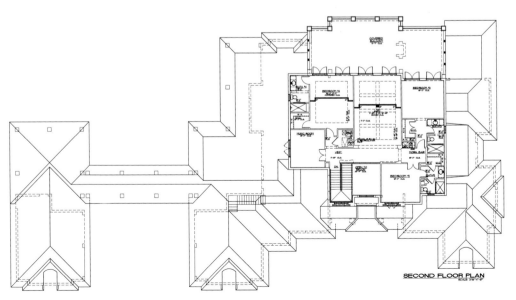

SECOND FLOOR PLAN

■ 追求更有品位更考究的家居生活是物质社会的客观存在，精致的、讲求比例的、用料优良的室内元素可以令人产生远离世俗的优雅感，财富的作用力当然是此类室内风格表现中最无法回避的，但高贵华丽的室内风格并不是要人为地创造一种距离感，而是努力地建立起一种欣赏美的氛围。

高贵华丽的室内设计风格的核心就是打造一个具有欣赏价值的整体空间——综合了视觉、触觉、听觉乃至味觉的全方位感官的盛宴，它的表达方式手法可以是欧式的，也可以是中式或其他融合多种风格于一身的经过改良后的样式。整体性是此类风格的设计重点，元素之间的和谐统一，不光是价值上的统一，更是表达情感上的统一。

用豪华的造型、精细的技巧、考究的材质、精美的配饰和无瑕的细节表达贵族的审美理想是需要大量的艺术价值和美学思考储备的，如果只是对某种风格照猫画虎般模仿抄袭，势必造就俗不可耐的作品，因为高贵华丽的风格是取自于古典之精华的积淀感的，这也使得它历久弥新，散发着厚重的美感。

■ Beverly Hills

■ 比佛利山庄

■ 洛杉矶. 美国

■ **室内设计:**
LAFIA/ARVIN

■ **摄影:**
Mary E. Nichols

■ **客户:**
International Media Company Principal/
Owner

LAFIA/ARVIN对这栋20世纪20年代的地中海风格建筑进行了全面的室内装修设计。其中的亮点包括古董石灰石桌，铁艺装饰。LAFIA/ARVIN用青铜栏杆和古董水晶吊灯符合整体上的优雅基调。这个面积1393m²的豪宅曾经的名人主人有巴斯特·基顿（无声电影明星），加里·格兰特和詹姆斯·梅森（美国和英国的著名演员）。

地中海风格的美学特点：

①在选色上，一般选择柔和、淡雅的自然色彩。
②在室内空间的设计上，注重不同功能空间的搭配，充分利用每一寸空间，且不显局促、不失大气。
③在软装饰品上，兼顾装饰性与实用性，在家具细部的搭配上避免琐碎，显得大方、自然，让人感受到地中海风格家具散发出的古老尊贵的田园气息和文化品位；其特有的罗马柱般的装饰线简洁明快，流露出古老的文明气息。

LAFIA/ARVIN选用的定制家具餐厅和古董地毯散发着历史魅力。媒体室作为放松场所，设计师选用红木真皮沙发椅，威尼斯灰泥墙，定制照明设备。作为媒体室延伸部分的桌球室仍用定制的家具和织物。在主卧室，LAFIA/ARVIN选用的异国情调图案的大不里士地毯很容易吸引你的注意。餐厅区里18世纪古典吊灯、古董阿格拉地毯、欧洲丝绸和天鹅绒面料、乔治三世风格咖啡桌等家具都彰显了主人的品位。

地中海风格的特点是色彩丰富、配色大胆明亮、造型简单又注重民族性。地中海风格保持简单的出发点，没有太多的技巧，善于捕捉光线、取材大自然、大胆而自由的运用样式。通常，"地中海风格"的家居，会采用这么几种设计元素：白灰泥墙、连续的拱廊与拱门、陶砖、海蓝色的屋瓦和门窗。

Diptyque Paris Flagship Store
■ 蒂普提克巴黎旗舰店

■ 纽约. 美国

■ **室内设计:**
Christopher Jenner
■ **摄影:**
Michael Franke
■ **客户:**
Diptyque Paris Flagship Store

帝菩提克公司委托Christopher Jenner设计一个基调欢快的旗舰店，作为帝菩提克在巴黎成立50周年的纪念。Christopher Jenner在帝菩提克巴黎店运用了他的"分型分析"风格，并加入了纽约风景，其灵感源自旅途中所见奇闻和新奇手工艺品。本设计反映两种文化的精髓，兼具交流、探索和评述区。评述区周围是180块手工涂画的镜子，分四部分镶在金属结构架上，既映出布里克街上的树影，也是一幅360度现纽约文化、艺术和时尚的透视画。

纽约大都会风格的特征是奢华、雅致而低调，家具整体设计简单大方，线条圆润，做工细致，美观，在制作上讲究每一个细节的完美与精致，附以幽雅的小面积手工实木雕花点缀，兼具传统的清雅与抽象，大都会风格的重点在于大胆的设计理念，让线条呈工业设计的前卫感，又使用温暖雅致的色系作为背景颜色在其中穿插。

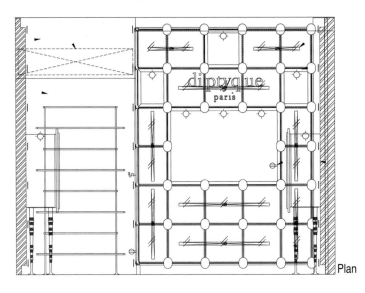

Plan

展柜是由美国花桃木制成。实心不锈钢桌腿反映出工业建筑在装饰艺术时期如此盛行。锡顶天花板是纽约装饰艺术的进一步阐述。墙纸和布艺全部为定制品。墙纸花纹的风格是源自美国莫霍克族的珠饰和编织品。英国的手工艺品侧重于艺术内涵和文化修养，反映出对历史文化的尊重以及公司品牌的核心理念。

本案的室内陈设上体现了文化与感情上的兼容并蓄，复古的造型穿插着现代派的视觉造型，材质的多样化和灯光的表现从某种意义上来讲展示了居室主人的文化底蕴和摩登的生活方式。

■ Il nido di Giulietta & Romeo

■ 罗密欧与朱丽叶酒店

■ 威尼斯. 意大利

■ **室内设计:**
Alberto Apostoli
■ **摄影:**
Davide Mombelli
■ **客户:**
Gruppo Bertoli

为表达对传统威尼斯风格的敬意，Alberto Apostoli设计了位于卡萨诺的罗密欧与朱丽叶酒店。为迎合一部分要求独特的客户，酒店的设计将充满创新精神和现代感的设计元素融入传统威尼斯风格之中。酒店位于里亚托桥附近的一处古建筑一楼，可穿过一个宽敞明亮的广场到达酒店，或坐船沿着周边的建筑到达该处。

威尼斯风格是综合了罗马、拜占庭、哥特、文艺复兴等多种风格为一体的建筑和室内风格，属于西方古典风格的类别，主要表现为对古典建筑元素的重新设计和利用以体现华丽。强调比例和谐的对称之美。此外威尼斯风格建筑不但融入西方的特色，还带有西亚的元素特点，因为古时威尼斯与黑海周边国家商务往来密切，所以将东方的一些装饰图案与艺术带入了威尼斯。

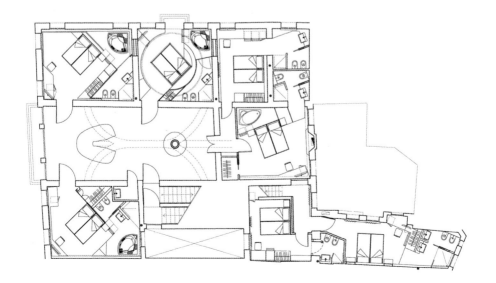

在该建筑的改造过程中，设计师着重保留了建筑中原有的壁画、柱形支撑物、门廊及马赛克瓷砖。Alberto Apostoli希望在现有设计中加入威尼斯式建筑特有的情感及优雅。隐藏在有机玻璃工作空间内的LED照明灯散发出来一种自然的光线。

酒店中有六间个性化设计的套房，它们各具特色，散发出不同的情感氛围。酒店宽敞明亮的客房中保留了珍贵的壁画和古建筑装饰图案，如威尼斯传统的马赛克瓷砖、巨型柱体及大门等，都是当之无愧的艺术品。马赛克瓷砖的使用更加突出了其意大利式的设计风格。

■ Kempinski Hotel & Residences Palm Jumeirah

■ 朱美拉棕榈岛凯宾斯基酒店与住宅

■ 迪拜. 阿拉伯联合酋长国

■ 室内设计:
Godwin Austen Johnson Architects.

■ 摄影:
Reinhard Westphal

■ 客户:
Kempinski Hotel & Residences Palm Jumeirah

大地、海洋与奇思幻想结合的凯宾斯基棕榈朱梅拉酒店欢迎来自世界各地的游人。凯宾斯基棕榈朱梅拉酒店坐落于迪拜标志性海岛上，位置得天独厚。宫殿般华丽的休息场所，打造出一个真正的地标性建筑，这个如画的天堂提供传统欧式奢华享受和无数永恒美好的回忆。酒店位于朱美拉棕榈人工岛，即可俯瞰远处连成一线的环岛礁湖，也可以欣赏阿拉伯海静谧的海景。

迪拜是阿拉伯联合首长国人口最多的首长国，中东地区的经济和金融中心。迪拜风格的特点就是阿拉伯式的奢华宫廷风。其表现元素主要包括：

①金色系用的比较多，体现华丽、宫庭式的风格。室内配饰中金属光泽的东西比较多见，比如金银色或者炫丽的色彩。
②设计常常用到有镜面折射的效果，镜面材质说到底是营造金碧辉煌效果的一种元素。
③布艺的装饰占很大的比重，而且布艺的装饰风格非常华丽。
④天然大理石的运用，而且常起到涂喷金沙等特殊效果。

Floor Plans

2 Bedroom Suite

Total Area: 112-189 sq m

3 Bedroom Suite

Total Area: 216-245 sq m

4 Bedroom Penthouse Suite

Total Area: Superior Penthouses 285-383 sq m, Deluxe Penthouses 368-402 sq m

The above illustrations show the general plan of the majority of suites.
The layout may vary depending on the location of the unit within the building.

该地产有着地区最宽敞的住宿条件。244间雅致套房，112到894m²不等的高层公寓和别墅。多种类餐厅和酒吧为客人提供种类丰富的料理，包括布鲁耐罗意式餐厅，海滩烧烤酒吧和基韦斯特酒吧，其中布鲁耐罗餐厅装修考究，可以观赏室内花园的美景。

平台上宽敞的法式门方便客人在宜人的天气享受户外进餐。基韦斯特酒吧以无暇服务为高端业内人士准备了私人灯光，华丽的皮革制品、芳香的高级雪茄。

■ Lake Sherwood Estate

■ 舍伍德湖边住宅

■ 千橡市. 美国

■ 建筑设计:
Richard Landry

■ 室内设计:
LAFIA/ARVIN

■ 摄影:
Erhard Pfeiffer

■ 客户:
Wayne Gretzky – Hockey Legend / "The Great One"

软装点评：织物图案和颜色互补的随意性搭配使人感受到一种恒久的舒适与轻松，给人色彩和谐的统一美。另外，墙上挂着的金色相框肖像油画和印花织物，带有流苏的布艺沙发，精美的瓷器，以及作为主人荣誉象征的奖杯，都是典型的英式庄园景致。

这座乔治亚风格的新建庄园是著名专业冰球运动员韦恩–格雷茨基（球迷称他"大家伙"）的宅邸。车道末段的铜喷泉欢迎访客，显示出主人的热情好客。主要房间里的威尼斯吊灯，华丽的琉璃瓦壁炉，欧洲马海毛和丝绒面料和统一色调的家具、室内装饰十分搭配。客厅的亮点十分具体：华丽的酒吧休息区，限量版施坦威小型钢琴，天鹅绒，马海毛，定制的地毯都和调色板呼应。

乔治亚风格是指大约17到18世纪，流行在欧洲，特别是英国的一种建筑风格。这种风格是集大成的一种风格特征，它有巴洛克的曲线形态，又有洛可可的装饰要素。文艺复兴流传下来的古典主义有在当时著名建筑师帕拉迪奥的手下发扬光大。现在看到的传统欧洲的建筑风格基本上都是以乔治亚为原型的。

餐厅里，Lafia/Arvin设计的红木餐桌适合亲密的私人聚会也适合隆重的大型聚会。Lafia/Arvin选择适合的欧洲布艺和灯具增加了亮点。家人休息室里的早餐区有奢华的雪尼尔布沙发，可作为早餐时间观赏高尔夫球场美景的场所。由于主人是狂热的体育迷，游戏室是专为他挂出体育界名人或朋友像的场所，如老虎伍兹、安德烈·阿加西等。

乔治亚风格别墅强调门廊的装饰性，比较"讲究门面"。乔治亚风格在18世纪英国殖民国家中最为流行，它是由意大利文艺复兴风格传入英国后派生出来的，并秉承古典主义对称与和谐的原则，是对美国最有影响的一种风格。

■ Hotel Baltschug Kempinski Moscow

■ 莫斯科巴尔舒格凯宾斯基酒店

■ 莫斯科. 俄罗斯

■ **室内设计:**
CADÉ

■ **摄影:**
Kevin Kaminski

凯宾斯基尔舒格酒店是2012年优质五星级酒店，同时作为莫斯科首家五星级酒店，迎来"表现和感觉"为主题的20周年品牌纪念。2012年夏天酒店准备好展现它升级后的容光！就连久负盛名的服务也很值得期待。新餐厅有开放厨房，为私人品鉴准备的酒室，现代化的设计，菜单上现代与古典的菜品。大厅里意大利大理石和水晶灯映在酒杯里的影子似乎都在欢迎客人。

大理石拼花是奢华风格室内设计中最常见的地面处理手法，大理石拼花色彩丰富，造型多样，比整个大面积大理石单一材质的颜色要好。拼花的风格有很多种。其中水刀拼花，线条更细腻，做工更精致。

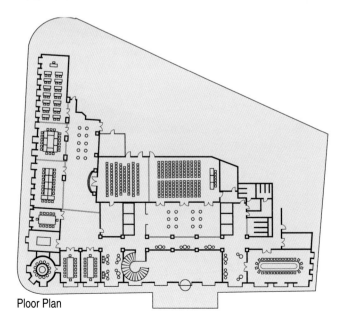

Ploor Plan

修饰一新的克兰兹勒咖啡馆和大厅酒吧和新会议室地面，仅仅是酒店全景的一部分。凯宾斯基巴尔舒格酒店总是将俄罗斯首都莫斯科灿烂的历史和著名景点相结合。有着一百多年历史，著名俄国艺术家创作的描绘巴尔舒格风景的作品，今天仍然是酒店客人最美好的回忆。无论前来休闲旅游或商务工作都会得到热情好客的服务。

石材拼花地面是欧式风格常见的装饰形式，它既具有形成视觉中心，使室内空间显得层次丰富的作用，又有坚固耐磨，易于清理的功效。另外花岗岩、大理石、瓷砖等材质色彩丰富，纹理多样，也象征着不同地域的文化，以配合不同风格的室内装饰表现。

不同面料、质地的沙发和座椅被巧妙安排在不同的交流位置，既满足了在大型的空间内不同人数交流的需求，还能让空间内的家具元素显得丰富。巨大的花色地毯化解了深色木材和大面积的黄色调带来的沉闷感，还使空间范围内使用功能的划分更加明晰。

■ Chelsea Apartment

■ 切尔西公寓

■ 伦敦. 英国

■ 室内设计:
SHH
■ 摄影:
James Silverman and Richard Waite

公寓分三层共600m²，设计师最初在外观上着手。仔细的空间规划达到对空间最佳的利用。虽然平面图看起来很简单，但真正工作起来却有着相当大的挑战性。所有楼层包括客人首先进入的上层楼可进入的自然光照很少。因此SHH采取特别方案，使位于中间楼层的主卧室，可以接触到外部光源和风景。

室内灯具材质主要有木材、金属、玻璃、塑料、纸张、陶瓷、硅胶以及新型复合材料等。室内灯饰设计要注意以下几点：

①要根据不同的墙面材质质感选择灯照的亮度，如粗糙质感的墙面一般选择亮度略高的灯具，而如玻璃墙面材质则要避免选择灯具直射或者运用亮度较低的灯具照射。
②要根据房间自然光的分部确定灯具类型，如在有自然光的位置尽量不选择亮度较大的光源，而在房间角落里则建议运用气氛光源。
③要注意灯光颜色与周边家具颜色混合后的光影效果，是否会形成反射或其他散射情况。
④要注意灯具风格的同一性。

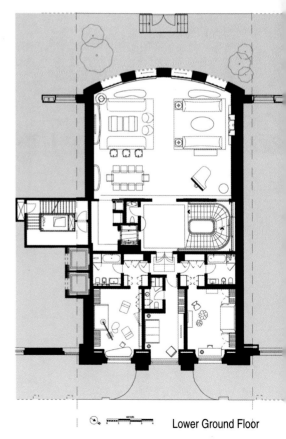

Lower Ground Floor

新建的独立三层楼梯和12m高的橄榄树
浅浮雕，这是设计的主要特点。蜿蜒的
树盘踞两层墙面。精致的入口和其他楼
层都采用天然材料，色调以中性的暖灰
色为主。灰色和巧克力色地板，抛光石
灰墙壁脚板，青铜板天花板都是主色调
的体现。由组合式墙灯和天花板内置灯
构成的多层次照明可以随主人心情巧妙
地变换。

灯光打在不同的材质上所产生的效果也是设计师
必须考虑的视觉因素，因为不同的材质所产生的
反射会影响整个空间的色调和明暗，好的灯光设
计除了能满足照明、烘托气氛，还能产生丰富多
变的光效果，用不同的材质对于光线的反射去
影响居住者的感官。

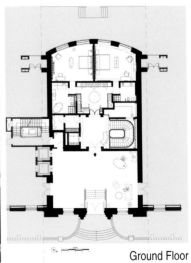

Ground Floor

整个空间的光源设计从不同的方向考虑，在不同的局部，对不同表面质感的照射对象采取不同亮度和不同颜色的给光。如对于展示书柜采取背光是起到烘托的作用，而对于大面积的墙面浮雕的照射则是以达到令浮雕艺术品更加生动为追求的效果。

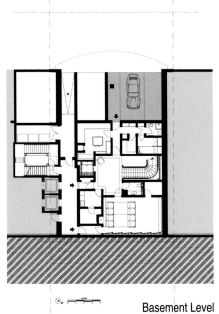

Basement Level

■ Cronus

■ 克洛诺斯

■ 东京. 日本

■ 室内设计:
Doyle Collection Co.,Ltd.

■ 摄影:
Nacasa and Partners, Satoru Umetsu

■ 客户:
Zome Inc.

克洛诺斯位于日本东京，其目标人群是热衷于消费夜生活的时尚用户。"舒适"与"卓越"是该项目遵循的宗旨。镶嵌在墙壁上的书架让Cronus更像是豪华宾馆内的书房。设计师采用了天然的岩石和浮雕，并运用香槟色和金色加以平衡，让酒吧会所尽显极致奢华，让客人流连忘返。

黑色系室内元素的设计要点：

①要注重设计线条的轮廓感，根据不同的设计风格确定不同的轮廓，因为黑色系室内整体点与面的元素几乎忽略，所以要注意对于"线"元素的展现。

②要注重配饰和家具的质感接受光源的照射后对于环境的影响和对于人心理的感受。

③灯具照明的重要性，灯具此时已经成为整个空间指向性设计，可依据灯具照明亮度的变化划分空间。

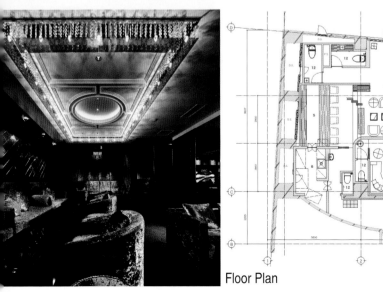

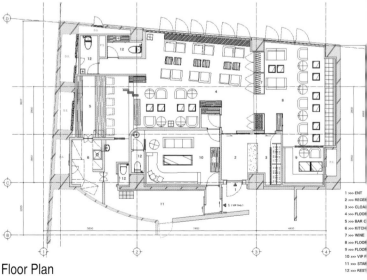

Floor Plan

1 >>> ENT
2 >>> RECEP
3 >>> CLOA
4 >>> FLOOR
5 >>> BAR C
6 >>> KITCH
7 >>> WINE
8 >>> FLOOR
9 >>> FLOOR
10 >>> VIP F
11 >>> STAIR
12 >>> REST

为客人量身定做的酒窖与天花板同高，整体设计将现代装饰与真实世界巧妙融合。施华洛世奇水晶吊灯折射出镜像光线，让室内更显宽敞。私人休息室内豪华色彩装饰，与墙壁完美贴合的L形长沙发，整体提升了会所的深度和格调。材料运用与设计装饰的完美结合，共同打造出这间高品质的奢华会所。

传统、严肃、保守、拘谨都是黑色的原罪，大面积使用黑色的确会在视觉上造成缩小感，但黑色赋予不同的材质后出现在室内空间中却可以令空间变得既有统一感又显得有层次。对于追求静谧超然的人来说，黑色又是永恒的颜色。

■　本书中所指度假休闲的室内设计风格大体上与世界上几大著名度假胜地有关，如地中海风格、东南亚风格、海湾风格等，因为度假的终极目的是获得健康愉悦的特殊体验，于是不同的文化表象成为此类设计风格的重点表现之处。

运用当地特产的原木色、质地柔软、色彩各异的布艺制品、蕴含着不同文明沧桑历史的特色摆设，配合着房屋特有的建筑形式，这似乎是休闲度假风格的相同之处。但不同的地域却有着不尽相同的特色，如东南亚风格原始自然、色泽鲜艳、崇尚手工；地中海风格蔚蓝情怀，海天一色、纯美大气；现代海边度假别墅追求通透、极简和空间的舒展；海湾风格奢华厚重、珠光宝气。

除去宗教元素对于度假休闲风格的影响，地理位置和气候条件的影响是造就不同风情的重要因素，如东南亚国家地处热带，常年湿热多雨，所以室内布置强调通透且为了避免空间的沉闷压抑，因此在装饰上常用夸张艳丽的色彩冲破视觉的沉闷。而地中海地区由于光照充足，所有颜色的饱和度都很高，元素本身就能体现出色彩最绚烂的一面，所以地中海的颜色特点便是本色呈现，但在空间设计上，却注意空间搭配，充分利用每一寸空间。

■ Song Saa Private Island

■ 甜心岛奢华私人度假村

■ 瓜龙群岛. 柬埔寨

■ 室内设计:
Melita Hunter

■ 摄影:
Markus Gortz

■ 客户:
Song Saa Hotels and resorts

软装点评：柬埔寨当地出产的竹椅、各色质朴的木餐台和条椅，都是必不可少的家具；因为气候炎热，所以起居室往往会采用怡人的白色布艺作为基调，以求凉爽平和的感觉；精美的木雕，成了别致的装饰。

在柬埔寨的瓜隆群岛上有两座并排而立的原始岛屿，它们在当地被称为Song Saa，高棉语为"甜心"。甜心私人岛屿如它的名字一样诱人，暗示着亲密与奢华。但是最重要一点是大自然的所有要素都在此地和谐共存，这也使得甜心私人岛屿变得如此特别。

瓜隆岛被誉为东南亚硕果仅存尚未开发的人间天堂，以及继普吉岛、苏梅岛及巴厘岛后亚洲下一个海滨度假胜地。东南亚风格是一个结合东南亚民族岛屿特色及精致文化品位相结合的设计。它广泛地运用木材和其他的天然原材料，如藤条、竹子、石材、青铜和黄铜，深木色的家具，局部采用一些金色的壁纸、丝绸质感的布料，灯光的变化体现了稳重及豪华感。

该度假村横跨Koh Ouen 和 Koh Bong两座岛屿，中间由一座人行桥连接。在桥下人们建立一个自然保护区来保护群岛的珊瑚礁和海洋生物，包括海龟、海马和外来的热带鱼等物种。

酒店设有豪华的水上设施、丛林景观以及海景别墅，这些都是利用可持续环保材料并且在高度尊重大自然的基础之上而建立的。在度假村的中心有世界一流的餐厅和休息室，它们正好建在岛屿的海岸线边缘且三面环海。漫步在木板桥，沉浸在夕阳、海景和繁星之夜的美景之中。

1. Entrance
2. Indoor Dining
3. Kitchen
4. Owners storage
5. Bedroom
6. Walk in wardrobe
7. Bathroom
8. Day Beds
9. Living area
10. Sun terrace
11. Pool

X Bed Jungle Villa Plan

1 X Bed Ocean View Villa Plan

1. Foyer
2. Entrance
3. Owners storage
4. W.C.
5. His and Her vanities
6. Rain shower
7. Sunken bath
8. Outdoor shower
9. Wardrobe
10. Writing desk
11. Bed
12. Lounge area
13. Side cabinet with mini bar
14. Daybed
15. Sundeck
16. Swimming pool
17. Poolside shower
18. Dining gazebo
19. Private beach

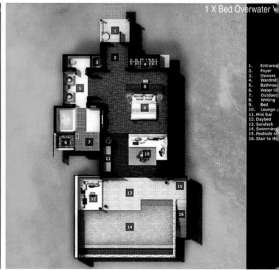

1 X Bed Overwater V

1. Entrance
2. Foyer
3. Owners
4. Wardrob
5. Bathroom
6. Water li
7. Outdoor
8. Writing
9. Bed
10. Lounge
11. Mini bar
12. Daybed
13. Sundeck
14. Swimming
15. Poolside s
16. Stair to th

1. Entrance
2. Owners storage
3. Bathroom
4. Outdoor shower
5. Wardrobe
6. Writing Desk
7. Bedroom
8. Living area
9. Sun Deck
10. Swimming pool

X Bed Jungle Villa Plan

■ One&Only Royal Mirage

■ 皇家海市蜃楼酒店

■ 迪拜. 阿拉伯联合酋长国

■ 室内设计:
   One&Only Royal Mirage
■ 摄影:
   One&Only Royal Mirage

在海湾的沙滩上，错综复杂的拱门、穹顶和塔与华丽绿色的庭院和生机勃勃的花园，这就是皇家海市蜃楼酒店——贝都因人预言中沙漠里出现的一块神奇热情的圣地。皇家海市蜃楼酒店使人感到宏伟。这块奇妙的地方有三种不同的环境激发人的感官：宫殿、阿拉伯庭院和温泉疗养。棕榈树形状的泳池、凉爽的喷泉，赏析悦目地凸显出这个迪拜文雅醒目的宏伟度假村。

伊斯兰建筑则奇想纵横，庄重而富变化，雄健而不失雅致。伊斯兰建筑风格外观特点：

①穹隆：伊斯兰建筑尽管散布在世界各地，几乎都必以穹隆而夸示。这和欧洲的穹隆相比，风貌、情趣完全不同。伊斯兰建筑中的穹隆往往看似粗漫但却韵味十足。
②开孔：所谓开孔即门和窗的形式，一般是尖拱、马蹄拱或是多叶拱。亦有正半圆拱、圆弧拱，仅在不重要的部分罕用。
③纹样：伊斯兰的纹样堪称世界之冠。建筑及其他工艺中供欣赏用的纹样、题材、构图、描线、敷彩皆有匠心独运之处。

无垠的沙漠和广阔美丽的海滩，高大的
棕榈树倒映在凉爽的绿洲中——这就是
皇家海市蜃楼酒店时尚的迪拜酒店，有
拱门、穹顶、塔楼和庭院。在这个以
摩天大楼著名的世界级都市里，皇家海
市蜃楼酒店唤起了人们对浪漫古老阿拉
伯文化的憧憬。263,046m²豪华草坪和
美丽的花床沿着1000m的私人沙滩蜿蜒
着。皇家海市蜃楼酒店有着让人目眩的
奢华壮丽。

伊斯兰纹样是伊斯兰风格中最突出的元素，其中
动物纹样虽是继承了波斯的传统，却脱胎换骨般
产生了崭新的面目，外形和轮廓更加具有特色；
植物纹样，主要承袭了东罗马的传统，历经千锤
百炼终于集成了繁复变化的伊斯兰式纹样。

桃红和湖蓝这些具有点睛作用的鲜艳色彩出现在以金色调为视觉主色调的包房空间里令空间避免了单调沉闷。而不同花纹在不同家具和位置上的运用，使空间内元素丰富而有呼应感。

■ Villa Ferraro

■ 费拉罗别墅

■ 那不勒斯. 意大利

■ 室内设计:
Fabrizia Frezza
■ 摄影:
Enzo Rando
■ 客户:
Brazilian Young Couple

费拉罗别墅，也就是Belsito宾馆，属于卡普里的一个历史悠久地位显赫的家族，已然古老颓废的建筑失去了原本的地中海风格。设计师的主要目的就是恢复建筑原本的面貌。别墅现在被改建为一座两层的私人住所。所有房间的旧拱状天花板都被翻修。在地面处理上，建筑师选用白色的卡普里瓷砖，给人一种陶器光洁的质感。

地中海风格的室内特征和表现元素：

①拱门与半拱门、马蹄状的门窗。圆形拱门及回廊通常采用数个连接或以垂直交接的方式，展现延伸般的透视感。
②室内装饰品中的纯色组合。地中海的色彩丰富，并且由于光照足，所有颜色的饱和度很高，所以纯色出现的几率更高。
③略显随意的线条。地中海沿岸对于房屋或家具的线条不是直来直去的，显得比较自然，因而无论是家具还是建筑，都形成一种独特的浑圆造型。

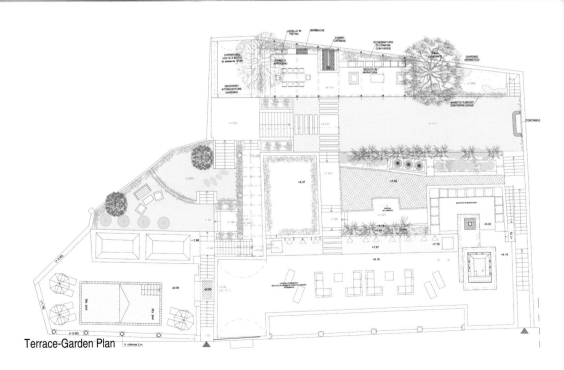

Terrace-Garden Plan

设计师从世界各地精心搜罗来的家具构
成室内设计的主体。柔和的光影将室内
墙面和家具笼罩，与鲜艳的明色形成对
比以营造出温暖舒适的氛围，迎合了巴
西客户的个性。地中海风格被重塑，这
点在室外被体现得淋漓尽致：通过大量
使用卡普里典型的巨大圆柱来主导别墅
的表面建筑，更为可贵的是表面建筑又
重新着上庞培式的红色。

在地中海的家居中，装饰品是必不可少的一个元
素，一些装饰品最好是以自然或者海洋的元素为
主，比如一个实用的藤桌、藤椅，或者是放在阳
台上的船模，还可以加入一些红瓦和窑制品，带
着一种古朴的味道，不必被各种潮流元素所左
右，这些小小的物件经过了时光的流逝日久弥
新，还保留着岁月的记忆，反而有一种独特的风
味。

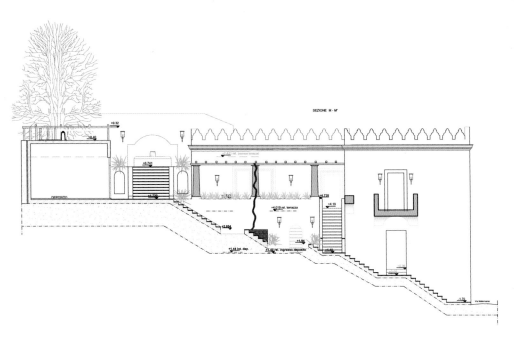

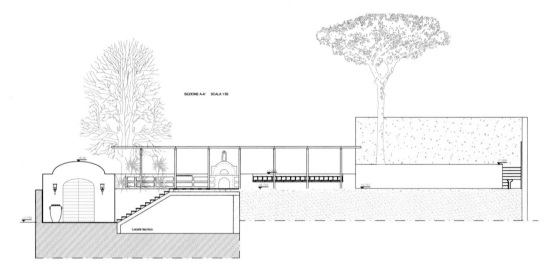

SEZIONE A-A'   SCALA 1:50

Locale tecnico

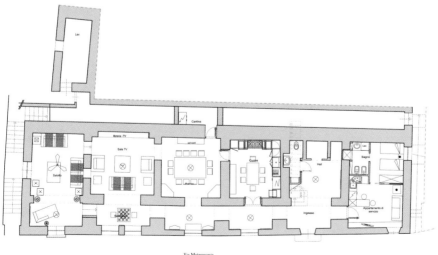

Ground Floor Plan

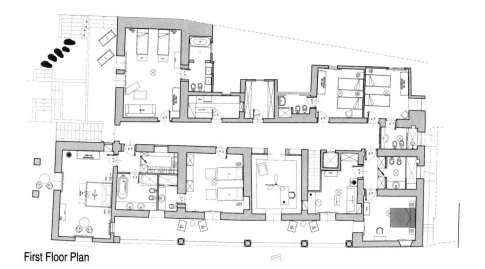

First Floor Plan

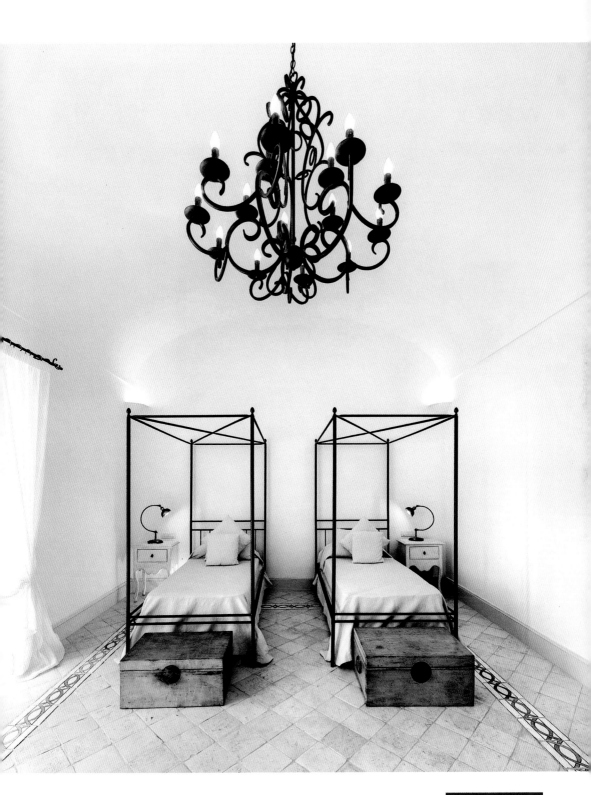

■ CASA W

■ W之家

■ 温特劳昆. 智利

■ 室内设计:
C. Winckler, P. Saric, F. Fritz
■ 摄影:
Mauricio Fuertes

该民宅坐落在沿海小镇Huentelauquén的第六区，包括3个卧室、2个浴室、起居室和平台。设计方面有两个限制，首先要减少风力对房子的损坏，其次要将预算控制在500美元每平方米内。房子与海岸线平行，视野十分开阔。普通区域面向南，其中包括的厨房、餐厅和起居室可以看到峭壁的景色。

海景房的装饰其实不需要太多花哨的效果，顺其自然就好，在材质和颜色上也不必过多考虑，但最好以本地独有的特色装饰为主，为开阔的风景服务，以简洁为美，以形成居住者个人向往的休闲气氛为目的。

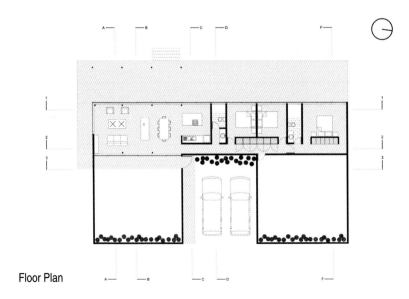

Floor Plan

露天区域是在考虑到当地气候条件的情
况下设计的，这里既可作为起居室的延
展区，也为孩子们提供安全的露营地。
在两个露天区中间有两个车位。西外立
面全部为双层落地玻璃，这样居室就能
透过它看到室外露天区和大海。

本案设计上最大的特点是保证了极好的视野，与
之搭配的软装饰品遵循少即是多的手法，家具选
配上强调对家具材料原始质感的表现，整体造型
干净简练。现代社会工业发达，工作生活节奏
快，给人无法释怀的感觉，而海景房一般远离城
市渲染回归自然，可以体验一种轻松自在的生活
方式。

■ Dupli Dos

■ 复式住宅

■ 伊比沙岛. 西班牙

■ **室内设计:**
JUMA architects,
■ Minimum Arquitectura
摄影:
Verne

楼梯原本在室外，通过将楼梯移到室内
的后部分，JUMA architects将房子的前
半部分的空间留出很多。设计师也将室
内的墙打通。在两个房间里都有壁炉，
既可以营造空间，同时在冬季也可提供
温暖。

海景房是指建造在海边或靠近海的地方，能够或比较容易
观赏到海上景色的建筑。海景房的设计要点为：

①利用海景作为景观资源配置室内重要功能区的划分。
②设计师应考虑到海边独特的自然环境、海风、盐碱度等
对于建筑和室内的影响。
③配套设施应考虑到以观赏海景和度假休闲的风格为出发
点。
④颜色的设计上应以简洁、舒缓的配色方案为主。

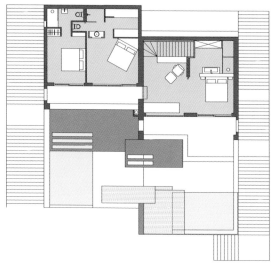

Floor Plan

用一个室内楼梯代替两个室外楼梯的创举，为室外腾出更多空间，也可眺望远处风景。钢筋天棚和木质日光甲板，将原有建筑的两个部分合二为一。

除了一个带些日式花园味道的鹅卵石，房子里没有花园，这样就很方便日常维护。

房子朝正南方向，所以采光很好。客厅的位置采光最好，可在傍晚边喝开胃酒边观赏海景。

本案大面积留白是为了营造一种无边的
"寂静感"，简洁的线条美与窗外浩瀚的
蔚蓝海景相呼应，空间内部物件以少为
美，旨在体会闲适的心境，表达回归自然
的轻松自在。

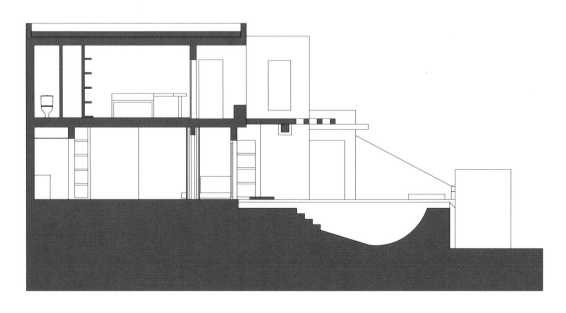

■ Hotel Villa Belrose

■ 贝尔罗斯别墅酒店

■ 加山. 法国

■ 室内设计:
Markus Hilzinger
■ 摄影:
Laurent Saint Jean - 3 mille & Klaus Lorke

酒店位于距圣特罗佩仅5分钟车程的山上。全新的五星级贝尔罗斯别墅酒店是休闲度假的理想去处。具有热情好客的气氛、人性化的服务、Thierry Thiercelin为主厨的餐厅（米其林一星）、200m²的温水池和豪华的美容中心。贝尔罗斯别墅酒店在去年冬天进行全面装修。酒店老板Thomas H. Althoff与主管Robert van Straaten有幸邀请到室内设计师Markus Hilzinger，对酒店进行全面的设计。

法国圣特罗佩，这座位于蔚蓝海岸的小城号称拥有法国最美丽的海滩。凭它的别称"太阳城"，你就可以知道这里的阳光是多么的灿烂。这里的海滩并不像其他旅游地一样绵延几十公里，而是由近百个近千平方米的小型海滩组成。豪华的酒店和私人别墅占据了这些银沙满地的海滩，在半个世纪之前，圣特罗佩只是一个默默无闻的小渔村，可现在，它已经变成富豪们竞相攀比的"黄金海岸"。

设计师在色彩的选择上与圣特罗佩湾的
自然光照相得益彰：温暖的灰色，淡棕
色和明亮的沙色完美地映衬出湛蓝的天
空、大海和水池。这种纯粹的优雅气
质也在高质的建筑材料和织物上得到体
现。

22间各具特色的房间、酒吧和美食餐厅
被重新翻修。此外酒吧平台的新座位也
为放松和欣赏美景提供方便。热情气氛
下的200m²的热水泳池和由Niance设计
的奢华美容中心"艺术之美"提供周到
的私人服务。

■ One&Only The Palm

■ 棕榈岛度假酒店

■ 迪拜. 阿拉伯联合酋长国

■ **室内设计:**
One&Only The Palm

■ **摄影:**
One&Only The Palm

棕榈岛度假村欢迎宾客体验安静充满生机的小岛，暂时远离迪拜的喧嚣。棕榈岛度假村是由90个主要部分组成的面海别墅群，是迪拜最私人化的度假村。从私人码头可以看到低层大厦和面海别墅，摩尔人和安达卢西亚人文化与现代时尚间的相互影响和碰撞，融合为优雅与精致。

伊斯兰风格建筑最典型的特征，不在于它们宽敞的院落构造，也不在于它们对于建筑风格的传承，而是将建筑隐藏在高墙后面以及将注意力集中在室内的安排上。伊斯兰建筑不可避免地发展出地区性的差异，它们融和了叙利亚、波斯和撒马尔罕的韵味，也融和了麦加和麦地那的风格。但其中没有任何一个地方的建筑可单独说明伊斯兰建筑的特色。

客人可以在450m长的私人沙滩散步，在850m的游泳池边的大躺椅上晒太阳，或者在有空调的内外休息区放松。私人水疗设施齐，全包括液晶屏、小酒吧、双人浴室、淋浴等。米其林星级厨师Yannick Alléno负责One&Only棕榈岛度假村的三个餐厅的烹饪指导——其中Zest餐厅由他任主厨。101餐室酒吧在码头边，客人可以在此尽享当地和国际美食。便餐、茶点和下午茶可以选择在餐室或在客房享用。

伊斯兰风格样式的元素：

①圆顶和穹顶。
②不同区域之间的伊万。
③几何图案的重复使用（阿拉伯式花纹）。
④用伊斯兰书法装饰而不是清真寺建筑禁止的其他艺术品。
⑤用来沐浴的中央喷泉。
⑥色调上偏爱使用鲜亮的颜色。
⑦同时注重建筑的内外部空间。

■ Indigo Pearl

■ 蓝珍珠酒店

■ 普吉岛. 泰国

■ 室内设计:
Bensley Design Studios
■ 摄影:
Krishna Adithya, Daniel Wolf
■ 客户:
Indigo Pearl

蓝珍珠于2007年开始重新设计和翻新。
Indigo Pearl的建立是为纪念普吉岛的
锡元素开采业，并且彰显了现代设计风
格及奢华的细节而设计的。本案的设计
工作是在世界知名设计师和景观建筑
师Bill Bensley 的指引下完成的。Bill
Bensley以全面的方式融合建筑与自然
并结合当地的艺术形式而闻名于世。
Bensley以环境友好的方式翻新酒店。

南亚风格的设计以其来自热带雨林的自然之美和浓郁的
民族特色风靡世界，东南亚风格有着以下设计要点：

①木材的运用。由于地处多雨富饶的热带，南亚家具大
多就地取材。最常使用的是实木、棉麻及藤条等材质。
②在南亚家居中最抢眼的装饰要属绚丽的室内配色，由
于南亚地处热带，气候闷热潮湿，为了避免空间的压
抑，因此在装饰上用夸张艳丽的色彩冲破视觉的沉闷。
③风格朴素的饰品和宗教元素的饰品搭配。

从前Pearl Village酒店以及旧锡矿山工具遗留下来的材料被回收利用。从沙滩残骸中或前铁路枕木回收的木梁被选用到本案中。旧锡矿山袋子用于制作套房露台上的"Pongkawallah"风扇。由老矿发电机提供电力的平面电视挂在大厅。金属雕塑包括上翘的人力车穿插于热带地面周围，艺术作品来自瓦楞铁及其他再生材料。

东南亚风情家具崇尚自然、原汁原味，以水草、海藻、木皮、麻绳、椰子壳等粗糙、原始的纯天然材质为主，带有热带丛林的味道。在色泽上保持自然材质的原色调，大多为褐色等深色系，在视觉上给人以泥土与质朴的气息；在工艺上注重手工工艺而拒绝同质化，以纯手工编织或打磨为主，完全不带工业化的痕迹，纯朴的味道尤其浓厚，颇为符合时下人们追求健康环保、人性化以及个性化的价值理念。

星空下，休闲心绪投射在木色生香的家具桌椅中，灯光照射之处避开人们交谈的空间，一切材质都在朦胧中展现它们最初的质感，或粗糙或饱经风霜或返璞归真。整个空间划分以小博大，既避免了空旷，又让人融入其中，充分享受到个人空间的舒适。

■ The Seaside Villa

■ 海滨别墅

■ 伊兹密尔. 土耳其

■ 室内设计:
I M Lab, Alessandro Isola,
Supriya Mankad
■ 摄影:
IM Lab and See4Real

该别墅坐落于土耳其伊兹密尔海岸的一个私人港湾，作为一个大型综合设施的一部分而存在。别墅建在一个面向大海的斜坡上，在别墅三层有一个巨大的楼梯可分别通向一楼与二楼的开放式客厅和休闲区。这样的设计提升了房屋的内部品位并且呼应房屋外部的高品质设计。

土耳其是一个横跨欧亚两洲的国家，是不同种族和文化的熔炉。其室内风格最突出的特点便是多文化特别是欧亚文化的融合和混搭，虽然是多种元素共存，但不代表乱搭，混搭是否成功，关键还是要确定一个"基调"，以这种风格为主线，其他风格做点缀，做到有轻有重，有主有次。

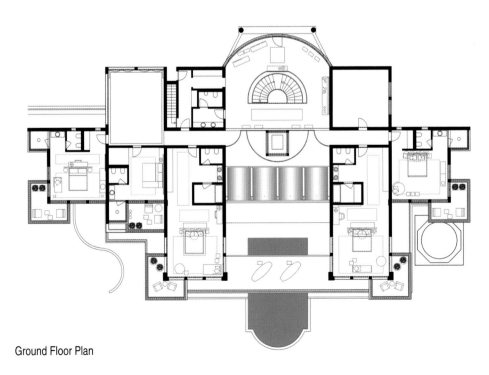

Ground Floor Plan

大部分的空间是由I M Lab公司通过一种独特的混合式手法设计的，并且精心挑选了一些手工制作和标准化机器生产的配件。每一个卧室都设计得非常独特，包含特定色彩搭配和从木头、竹子再到金属的多样组合。三楼的门厅入口处可俯瞰二楼中庭高大宽敞的生活空间。在中庭另一端的餐厅中摆放着一个3.5m长的坚实餐桌，白天可在此处观海，晚上透过餐厅内部的穿孔金属屏使人感觉餐厅有土耳其风格。

材质的混搭是在一个设计风格的前提下，对不同材料的不同质感的集中展现，主要的材质包括：

①硬材质：石材、地砖、墙面材料等。
②软材质：布艺、植物类。
③透明材质：玻璃、水等。
④反射类材质：金属、镜面等。

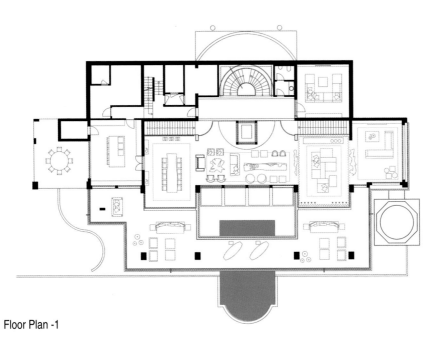

Floor Plan -1

不同国家的人对木材颜色有着不同的喜好，与不同类型的文化符号所搭配出各具特色的设计韵味，本案从现代审美出发，将室内设计大方向上简约化，而从软装饰的细节处体现土耳其这个文明古国的讯息。文化的内涵是室内软装搭配的基础。

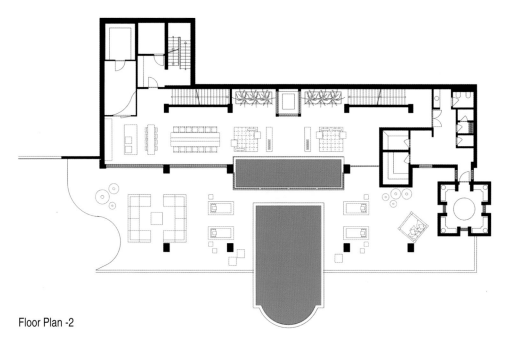

Floor Plan -2

Hotel Sezz Saint-Tropez

塞泽圣特佩罗酒店

里维埃拉. 法国

- **室内设计:**
  Christophe Pillet
- **摄影:**
  Anthony Lanneretonne
  Manuel Zublena

软装点评：本案简朴而时尚，家具和配饰都极富艺术底蕴，花器的选择上也非常有型，蓝绿调的色彩搭配，与室外田园度假风光浑然一体，毫无矫饰，宛若天成。

该酒店坐落在法国里维埃拉的一个树木繁茂的公园之内，距离海滩只有几分钟的路程。客人踏入酒店立刻能感觉到一种令人向往的轻松度假氛围。酒店中看不到常规式的前台，取而代之的是酒店中的私人管家迎接客人，他们会向客人介绍酒店的各种特色并在客人入住期间随时提供各种服务。

进入21世纪后，酒店的设计越来越注重给人提供不同寻常的体验，包括从建筑设计、文化内涵、视觉舒适度等区别于传统酒店建筑，强调酒店应该是自然、艺术与文化的集合体。设计分区方面通常将酒店分为景观区、包房区、宴会区、点菜区等几个基本大区。其中花园酒店特别重视自然，所以植被以及水系是必不可少的。在植被方面更加重视立体绿化，除常用的热带植被，更多采用具有净化空气类的小型植物组成立体绿化。

该酒店就像是一个小型的普罗斯旺村庄，低矮、复杂的建筑包括37间客房、套房以及别墅。酒店的中心地带周围分布着一个宽敞的中央泳池，阳光爱好者和那些喜欢社交活动的人可以在Christophe Pillet设计的家具上休息，品尝鸡尾酒或者放松下来听听风吹过树丛的声音。

酒店的主体建筑由Dom Pérignon香槟酒吧，Pierre Gagnaire厨师经营的Colette餐厅以及Payot旗下Sezz水疗店组成。

Floor Plan

Alberto Apostoli

Add: Via Cà Nova Zampieri 4/e, 37057 San
Giovanni Lupatoto, Verona - Italy
Tel: +39 045 8779190; Fax: +39 045 8779192
Web: www.albertoapostoli.com

Alberto Apostoli was born in Verona - Italy in 1968. After studying industrial electronics, he went on to read architecture at Venice University, graduating in 1993 with a thesis on economics. In 1997 he set up Studio Aposto li & Associati, a professional and multifaceted practice, taking inspiration from his personal, academic journey. In 2006 his first exhibition, entitled "Architetture Con taminate tra Comunicazione e Design" (Architecture Influenced by Communication and Design), was held at the headquarters of the European Parliament in Brussels, attracting the attention of the European press. Also in 2006 he opened his own practice in Guangzhou (Canton – China) followed in 2007 by a branch in Casablanca (Morocco). In 2012 he published his book "Architettura delle SPA" (Wellness Centers Architecture).

Alberto Apostoli brings a marketing influence to his designs, which ensures that a high level of innovation is bestowed on each project. Projects are highly varied, with design services provided in the fields of architecture, interior design and design, both in the Italian market and abroad, for private clients and companies as well as the public sector. Specifically, projects include designs for residential and commercial architecture, hotels and resorts, spas and wellness centers, retail and shop layout, exhibition layout, work spaces (offices and show rooms) and product design.

Bensley Design Studios

Add: BDS Bangkok, 57 Sukhumvit 61, Sukhumvit Rd., Klongton Nua, Wattana, Bangkok 10110, Thailand
Tel: (662)381 6305; Fax: (662)381 65647
Web: www.bensley.com

Bill Bensley started this venture called Bensley Design Studios with an atelier in Bangkok in 1989, and another, shortly after in Bali 1991. More than 20 years later they are some more than 150 designers, artists, landscape architects, interior designers, but, primarily, they are architects.

Christophe Pillet

Add: Agence Christophe Pillet 29, passage Dubail 75010 Paris, France
Tel: +33 1 58 36 46 31; Fax: +33 1 42 25 01 25
Web: www.christophepillet.com

Christophe Pillet is described as the "The rock star of design" by Kalaidjian, received his Masters in Design from the prestigious Domus School in Milan, and made a name for himself working with powerhouse designers like Martine Bedin and Philippe Starck. He has been running his own studio in Paris with a small team since 1994 and has worked in all of the traditional design categories including architecture, furniture and product design, interiors and set design. Pillet is also the director of design at Lacoste. In 1994 he won the acclaimed French award "Designer of the Year" from the renowned French trade fair 'Maison & Objets'.

Christophe Pillet knows Saint-Tropez by heart. It's where he designed the 'Bar du Port', one of the most popular spots in town. "I'm not creating what is commonly known as a'design hotel', but a property with charm and personality. A hotel that immediately evokes the atmosphere of being in a family home," he says. "Therefore, I designed furnishings which are timeless and well-crafted. They are equally suited to the public areas as well as to the guestrooms."

Christopher Jenner

Add: top floor newman hire building 16 the vale, London, UK
Tel: +44(0)208 746 1249
Web: www.christopher-jenner.com

Born in Cape Town South Africa, British designer Christopher Jenner established his studio at the end of 2010. Christopher designs through words to capture tho 'truth' of a brand. Implementing a concept of 'fractal discovery' to deconstruct and analyse the inherent values of a project, reassembling the assets via propositions to create layered, emotively magical solutions.

Similar in nature to a pointillist painting where one relies on the eye to create a picture out of a puzzle. Artisanal skill is evident in the immense detail of his work, lending a tangible luxury and distinction. He is currently working globally implementing projects in luxury lifestyle and hospitality. He is due to launch his second collection 'Devisor' in the fall 2012.

Fabrizia Frezza

Add: Largo Olgiata 15, Isola 104 M-00123, Rome, Italy
Tel: 06 84242486; Fax: 06 84085469
Web: www.fabriziafrezza.it

Fabrizia Frezza, Italian-born, got a first-class degree in Architecture from the University of "La Sapienza" in Rome, Italy. She has been on the Register of Architects since 1990. Her love of art, in all forms, her travels around the world, her encounters with different cultures have made an impression on her creative spirit, enriching her knowledge and curiosity.

8.8.88, the 8th of August 1988 at 8am, symbolizes the beginning of the architect's creative career. She began working on private homes, stores and hotels. 8.8.88 marks the name of her showroom that opened in 2006, located in Rome. The venue exhibits her creative works in all forms.

Fabrizia Frezza was born and raised in family hotels and understands the needs of this sector. The architect uses her expertise and works with ease when planning and renovating hotels. She unites the rationalization of space, incorporating domestic needs, with hotel comforts making the hotels a home away from home. The furnishings, fabrics and materials are all selectively chosen for each ambiance. Her skills, high standards and continuous desire to go beyond bring her to work alongside artisans and up-and-coming artists uniting their work, thoughts and creativity.Among her most important works stands Capri's most famous hotel the Capri Palace Hotel, which is worldwide known. Renovated in 2000, it still maintains a timeless and elegant character.

I M Lab

Add: 5 E Bear Lane SE10UH London, UK
Tel: +44 (0) 2079286180
Web: www.imlab.co.uk

Supriya and Alessandro graduated from the Architectural Association, London in 2003 and went on to work with some famous architectural practices like Foster+ Partners before setting up I M Lab in 2008. Their experience ranges from small scale furniture and product design to large scale buildings from design to implementation.

They share a common interest in exploring the relationship between technique andmateriality and trying to push the limits of both to develop products and spaces.

Supriya and Alessandro continually explore the concepts of modularity and flexibility as they believe that change is inevitable and the user should have the ability of adapting, modifying and adding to the object or space to meet evolving requirements.

I M Lab work on a wide range of projects that include refurbishments, conversions, new build and product design. They work in close collaboration with their clients to develop requirements into unique distinctive solutions. I M Lab's projects have received strong reception from industry publications and are currently collaborating with production studios in Europe.

JMA Interior Decoration, inc.

Add: JMA Interior Decoration, inc.1935 Commerce Lane,

USA
Suite 10 Jupiter, FL 33458
Tel: 561 743 9668
Web: www.jmainteriordecoration.com

A myriad of individual elements complete a home. The artful selection and arrangement of these elements is the basis for interior design.

Jakie Arimour, founder and president of JMA Interior Decoration, inc. is an allied member of the American Society of interior designers. She has an AS in interior design with concentrations in architecture as well as a BS in Business Administration from the University of Florida. With 10 years of experience, Jackie and her team work closely with each client to create classic, timeless interiors. Detailed floor plans, architectural elevations, and interior perspectives create the foundation of the design process with JMA Interior Decoration, inc. Custom designed furniture, fabrics, window treatments, floor coverings, bedding, color and lighting uniquely define a comprehensive project.

JUMA architects

Add: JUMA architects Biezekapelstraat 1c, 9000, Belgium
Ghent VAT BE 0816 914 402
Tel: +32 479 875 079
Web: www.jumaarchitects.com

Julie and Mathieu are always open to new ideas regardless the style or magnitude of the project. Their individual visions unite into a unique style. This recipe results in the unmistakable strength of this young duo, because like Frank Lloyd Wright once wrote: Youth is a quality, not a matter of circumstances. JUMA architects offers its clients more than a house. It offers them a home.

LAFIA/ARVIN

Add: LAFIA/ARVIN 15332 ANTIOCH Street / #457
PACIFIC
PALISADES, CA 9027, USA
Tel: (310)230-0012; Fax: (310)587-2243
Web: www.lafiaarvin.com

LAFIA/ARVIN 's goal is to establish long-standing relationships with their clients. They have designed five residences for many clients. Their clients are across the spectrum, such as: shareholders, officers and directors Fortune 500 type international businesses; world famous athletes such as Sugar Ray Leonard, and Wayne Gretzky; musicians such as Kenny G; actors, directors, producers and other well known individuals in the entertainment industry, business owners, and prominent physicians who are attracted to LAFIA/ARVIN 's sense of design, attention to detail and personal service (Robb Report has highlighted that LAFIA/ARVIN is known for differentiating itself by never passing any of the designer decisions onto an associate, with the principals being hands-on).

Melita Hunter

Add: #108e 1 Street 19, Phnom Penh, Cambodia
Tel: + 855 12222725
Web: songsaa.com

The architecture, master planning and interior design of Song Saa Private Island is the work of co-owner and organic artist Melita Hunter. With more than 15 years experience in interior design, project management and organic sculpture, Melita has created an oasis that seamlessly blends interior spaces with the panoramic natural beauty of the islands, and clearly expresses her love for the people, beaches and forests of her adopted home. After battling cancer, Melita returned to Cambodia with her husband Rory. Together they decided to build Song Saa Private Island and in the process realize a dream they shared to establish a sustainable sanctuary that would set new standards of luxury in this largely undiscovered archipelago.

Melita worked tirelessly to hand pick every single item and finish on the island, from external cladding and landscape features to each detail in the interiors. To achieve this, Melita worked closely with local artists and craftsmen to ensure that the minute visitors stepped off the boat and on to the island, they felt immersed in a celebration of the local environment and in Song Saa's ethos of 'luxury that treads lightly.

One&Only

Add: One&Only The Palm West Crescent, Palm Dubai, UAE
Tel: +971 4 440 10 10
Web: www.oneandonlyresorts.com

Set in some of the most beautiful locales in the world, a rare collection of jewel-like resorts embraces individually authentic styles and personalities born of their local culture. Remote island retreats, enchanting palaces and contemporary haute chic villas, each feature a genuine hospitality and a lively energy that are unrivalled. In the Indian Ocean and Africa, Arabian Gulf, the Pacific and Caribbean, discover the promise of distinctive resorts and unique experiences in the world's best destinations.

SHH

Add: 1 Vencourt Place, Ravenscourt Park, Hammersmith, London W6 9NU, UK
Tel: + 44 (0) 20 8600 4171
Web: www.shh.co.uk

SHH is an architects' practice and interiors consultancy, formed in 1992 by its three principals: Chairman David Spence, Managing Director Graham Harris and Creative Director Neil Hogan. With a highly international workforce and portfolio, the company initially made its name in ultra-high-end residential schemes, before extending its expertise to include leisure, workspace and retail. SHH's work has appeared in leading design and lifestyle publications all over the world, including VOGUE and ELLE Decoration in the UK, Artravel and AMC in France, Frame in Holland, Monitor in Russia, DHD in Italy, ELLE Decoration in India, Habitat in South Africa, Contemporary Home Design in Australia, interior design in the USA and Architectural Digest in both France and Russia, with over 110 projects also published in 70 leading book titles worldwide plus more than 75 architectural and design award wins and nominations to its name.